电子工业出版社
Publishing House of Electronics Industry
北京·BEIJING

未经许可，不得以任何方式复制或抄袭本书之部分或全部内容。
版权所有，侵权必究。

图书在版编目（ＣＩＰ）数据

一桶高能量 / 刘容著. -- 北京 : 电子工业出版社,
2025. 8. -- ISBN 978-7-121-50576-8

Ⅰ. B821-49

中国国家版本馆 CIP 数据核字第 20252A700G 号

责任编辑：滕亚帆
印　　刷：北京利丰雅高长城印刷有限公司
装　　订：北京利丰雅高长城印刷有限公司
出版发行：电子工业出版社
　　　　　北京市海淀区万寿路 173 信箱　　邮编：100036
开　　本：720×1000　1/16　　　　　　印张：15.25　　字数：195.2 千字
版　　次：2025 年 8 月第 1 版
印　　次：2025 年 8 月第 1 次印刷
定　　价：99.00 元

凡所购买电子工业出版社图书有缺损问题，请向购买书店调换。若书店售缺，请与本社发行部联系，联系及邮购电话：（010）88254888，88258888。
质量投诉请发邮件至 zlts@phei.com.cn，盗版侵权举报请发邮件至 dbqq@phei.com.cn。
本书咨询联系方式：faq@phei.com.cn。

我曾因 AI 而焦虑，
直到一天突然惊醒——当我为一幅画怦然心动时，
如果它来自 AI，这份感动该向谁倾诉？

人始终有独特的价值，人与人的相遇尤为珍贵。

如果你愿意将我的画摆在桌上、挂在墙上，
欢迎微信扫码与我联系，发送画作照片或作品编号，
我将为你制作实物画并快递到你手中。

作品详情

价格：666 元 / 幅

工艺和材质：高清微喷 + 实木装裱 + 绒布背板 + 挂钩

尺寸：高约 39cm

配送：全国顺丰包邮（新疆、西藏除外）

微信扫码与我联系

希望每个有梦想的人，
追梦成功

实现梦想的路是坎坷的，大部分人会遇到很多难以预料的问题。

做好一件事，重要的是坚持，不断去努力做得更好。

很开心有机会出版这本书，希望我的故事可以让更多人看到一种可能性——

即便没有接受过专业训练，
用自己所有的空余时间去靠近理想，
也有机会实现理想。

我从小喜欢画画，所有边角料的时间都用来画画，坐飞机、坐高铁、等人、开会、其他碎片休息时间，我想尽一切办法画画，画了 1000 多张属于我的原创绘画作品。

一开始也没想过能画这么多，在坚持中很意外地等到了这个结果。因为有属于我的作品，也有足够多的数量，就有了出版这本书的机会。

绘画作品需要配文案，在这个过程中，我有机会表达"我是谁"，这也是非常奇妙的感受。找到自己喜欢和热爱的事，并坚持，总会有意想不到的收获。

感谢微信产品的持续进步，它带给我许多启发，感谢张小龙先生的创造；感谢知识星球为我提供了一份工作，让我能将画画作为热爱去坚持，感谢吴鲁加对我画画的鼓励；感谢冯大辉老师，他让我确信画画值得坚持；感谢滕滕，她鼓励我出版画册，并为此付出了诸多心血与耐心；最后，感谢我的家人们多年来的支持与陪伴，尤其是家人苗苗。

刘容写于广东佛山哥哥家中

目录

好久不见……………………………… 1

容我想想……………………………… 83

慢慢相处……………………………… 117

主动发疯……………………………… 163

一生所爱……………………………… 215

人始终有独特的价值，人与人的相遇尤为珍贵。

如果你愿意将我的画摆在桌上、挂在墙上，
欢迎微信扫码与我联系，发送画作照片或作品编号，
我将为你制作实物画并快递到你手中。

作品详情

价格：666 元 / 幅

工艺和材质：高清微喷 + 实木装裱 + 绒布背板 + 挂钩

尺寸：宽约 38.5cm

配送：全国顺丰包邮（新疆、西藏除外）

微信扫码与我联系

作品编号：A1

我的主业是知识星球运营官，副业是画画。我在深圳生活，在每一种场景下绘画。开始我们的互相了解吧。

好久不见 4

作品编号：A2

如果你想见的人，很难见到，更难陪伴，你会用什么传递你的爱？画，究竟是什么载体？在不断绘画、反思人和人之间的情感的过程里，我想通了这个问题。

带你走进
我的画画时空。

好久不见 6

作品编号：A3

8岁，小学三年级，学习让我昏昏欲睡。我不被老师喜欢，时间总显得漫长，我在美术课上画动物园、花园、飞翔的人们，在斑斓的色彩里，我才能感受到一丝自由和自信。

作品编号：A4

12岁，夏天的午后，我站在房间里写作业，因为坐着看书会睡着。我拿起笔，在墙上画了一个跳芭蕾的女孩。

好久不见
8

作品编号：A5

后来，我总是会看看这个芭蕾女孩。她成了我无声的朋友，陪伴我成长，我对画有了一份莫名的情感。

作品编号：A6

14 岁，父母去广东工作，姨夫姨母很忙哥哥总是和朋友出去玩。长沙的夏天百无聊赖，朋友邀请我一起去学画画。

好久不见
10

作品编号：A7

我找到家附近的一位老师，在她家仓库改成的画室里，开始用素描纸画画。

作品编号：A8

后来，我经常一个人去画画，老师说我很努力，一个人能安静地坐在那里。周围都是画，铅笔摩擦纸的声音，我很喜欢。

好久不见
12

作品编号：A9

16 岁，高中。学校里有学习画画的兴趣班，我一开始很有兴趣，但很快发现，我怎么也画不好老师的作业。

作品编号：A10

父母不在身边，我不知道怎么表达想学画画的愿望。不过，我发现所有的画室都在让学生不停地画正方体、圆锥体、圆柱体，我不喜欢画这些。

作品编号：A11

高二开始，学习紧张了起来，去画室的次数少了，偶尔在家画画。学校附近有一家省图书馆，我经常去那里学习，休息的时候，随意在本子上涂鸦、涂鸦。

作品编号：A12

就这样过了三个夏天。高考失利，我卷起铺盖去复读。有意思的是，我在复读学校认识的第一批朋友是美术特长生。

作品编号：A13

第一个月，学习没那么忙，我总去找他们画画。他们说，要不一起当美术高考生。"高四"复读已经是很难的选择，在复读学校的第二个月，我开始紧张地学习文化课。

作品编号：A14

在复读学校，考试很多，每个人压力都不小。为缓解压力，我无意中买到了一本丰子恺的作品集，很喜欢。感到失落时，翻一翻其中的画，就立马活了过来。

作品编号：A15

再次高考后，有不错的大学可以选。父母让我自己决定大学专业，我选了景观设计，因为这个专业可以画画。大学终于可以和画画朝夕相处了。

作品编号：A16

大二暑假，为了提高专业能力，我去了手绘特训营学习。手绘特训营的举办地在江西九江的一座山上，那一期有 3500 多人报名，女生有 1000 多人，大家都住在一个大仓库里。

好久不见
20

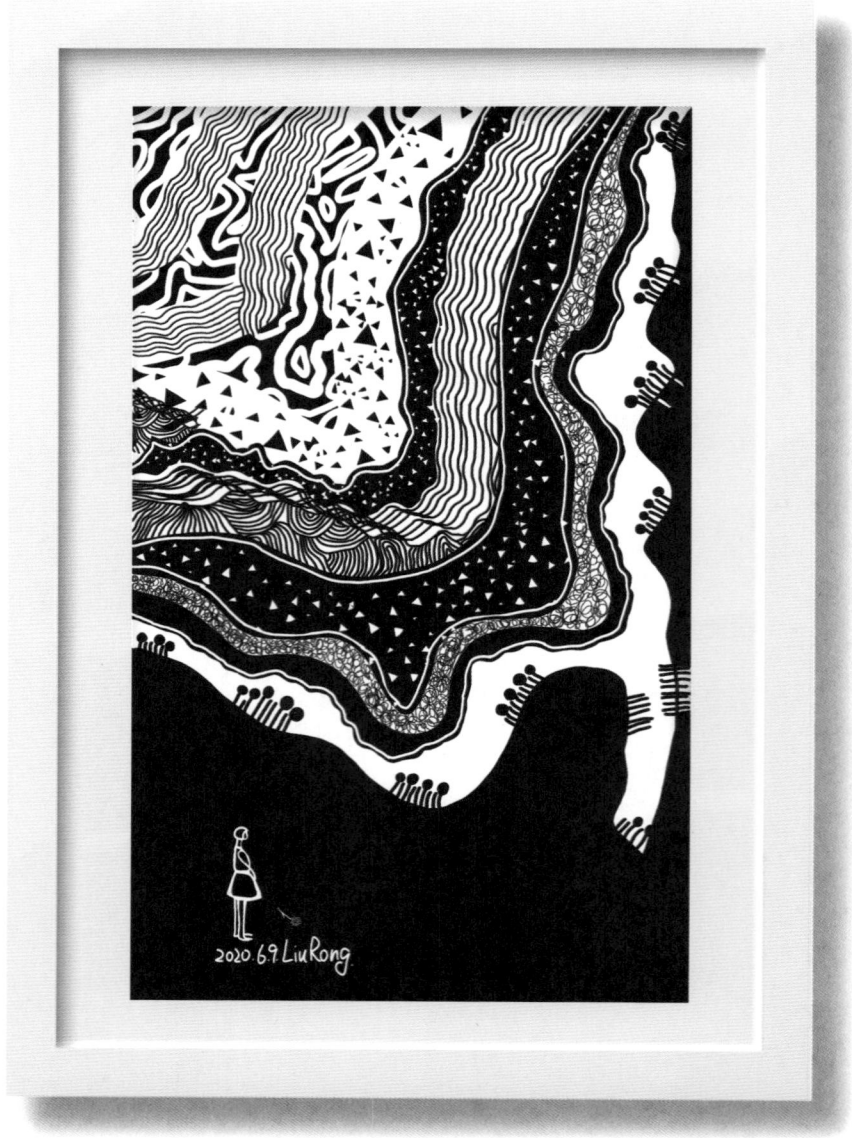

作品编号：A17

1000多张床摆在一起，你能想象那个画面吗？我第一次知道，人们可以这样一起生活，以及可以在宿舍里迷路。

作品编号：A18

在手绘特训营，我们无止境地画景观需要的树，有时候太累了，我会随意涂鸦一下。后来有一个"赌局"，算是改变了我以后的人生。

好久不见
22

作品编号：A19

有一天，我在教室里涂鸦黑白风格的画，一位老师走了过来。我没来得及遮挡住画，他看到后却说："画得不错，风格非常独特。"他把我的画拿给校长看，校长也觉得不错。

作品编号：A20

这位老师说："如果你能画 300 张，我向校长申请，给你开画展。"我一听，有意思了，300 张画 = 画展。

作品编号：A21

我不顾一切，一个月后，画够了 300 张。那位老师目瞪口呆，他说，每一张都不一样，这是怎么做到的。他拿去给校长看，但画展没办成。

作品编号：A22

后来在手绘特训营的文艺汇演上，这位老师让我上台分享了我的画。台下3000多人，我唱了一首歌，展示了几幅画。下台后，很多人围了上来，表达了对画的喜欢。

好久不见

作品编号：A23

头一次遇到这样的事，尤其是被人关注，我有点儿不适应，我喜欢待在角落里。是画自己风格的作品，还是继续画专业需要的内容，我开始思考。

作品编号：A24

第二个月，手绘特训营全体学员去庐山写生。准备离开庐山的前一天，下雨了，路很滑，我摔倒了。右小腿骨裂，医生说需要休息四个月。

作品编号：A25

无法正常行走的日子，我经常看着窗外的树画画。树，春天嫩绿，夏天青色，秋天黄色，冬天树叶掉落。头一次，我看到了四季的明显变化，原来时间是会流转的。

作品编号：A26

腿伤恢复后，我想试试当插画师。我更努力地画画，走到任何地方都带着画本，也开始在网上不断搜索关键词：插画，希望可以更好地了解什么是插画。

作品编号：A27

一天，我在网上看到一幅插画，很喜欢，立即查出了作者是谁。然后发现他在上海教学——教如何画商业插画。

作品编号：A28

我的直觉告诉我，我要去，这样我能画得更好。我向爸妈说了我的想法，他们同意并支持我。那年秋天，我一个人去了上海学画画。

好久不见

作品编号：A29

插画培训班设在上海长宁路一栋旧旧的楼里，17 人一个班。学校安排的宿舍在附近的地下室旅馆。两人一间，没有窗户。

一桶高能量

33

作品编号：A30

我以为是在纸上绘画，没想到，第一次上课就直接进入电脑绘画的课程。我没有系统地学习过，从纸上绘画直接跳到电脑绘画。正式上课后，我感到有些吃力。

作品编号：A31

班上的同学来自五湖四海，不少是有绘画基础的。我跟着自己喜欢的老师认真学习，也经常向同学请教绘画技巧。我总是第一个到教室，最后一个离开。

一桶高能量

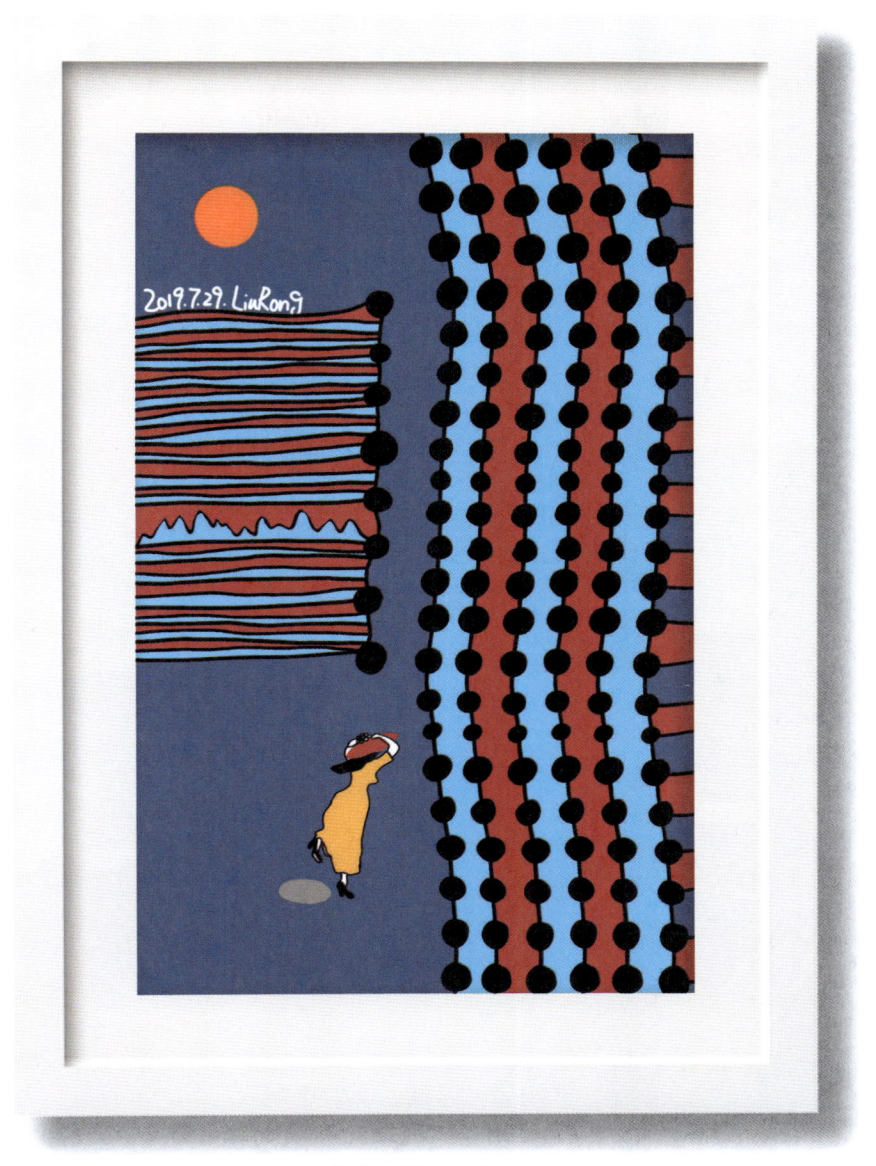

35

作品编号：A32

上海是个很舒服的地方，尤其是秋天的深夜。有时候晚上十一二点，我从教室往宿舍走，经常遇到在夜宵摊前吃烧烤的人们，也有行色匆匆的外国游人。

作品编号：A33

那三个月，我日夜画画，内心十分快乐，仿佛枯木逢春，有时候因为画不出想要的效果，又十分沮丧。老师总说我喜欢在画上加一堆点、线、面，他很费解，不认可。

作品编号：A34

因为可以沉浸式绘画，我依然很快乐。我喜欢身边都是画画的人，聊的是画，思考的也是画。

作品编号：A35

三个月后，我学到了很多画商业插画的技巧，同时积攒了一些作品，结束课程后，我回到了学校。

一桶高能量

39

作品编号：A36

整个大四第一学期的课余时间，我都在画画，尝试在网上接插画商单。

好久不见
40

作品编号：A37

大四第二个学期，偶然得到一个成为插画师的面试机会。在现场，我打开电脑，展示了我的作品。当天我就获得了工作的机会，为一位明星画插画。

如果你愿意将我的画摆在桌上、挂在墙上，
欢迎微信扫码与我联系，发送画作照片或作品编号，
我将为你制作实物画并快递到你手中。

作品详情

价格：666 元 / 幅
工艺和材质：高清微喷 + 实木装裱 + 绒布背板 + 挂钩
尺寸：高约 39cm
配送：全国顺丰包邮（新疆、西藏除外）

微信扫码与我联系

作品编号：A38

那是我第一次做和插画有关的工作，这家公司在五一路上，我们学校在长沙最东边，每天来回两小时。

一桶高能量

作品编号：A39

离大学毕业只有半年了，或许每个人都感受到了离别的气息。我每天去上班，经常有同学、朋友找我想聚聚，结果他们发现我总是不在学校，为此我心里有点儿失落。

作品编号：A40

太容易得到的机会，有时候会给人幻觉，或许找工作很容易？为了和同学相聚，我把工作辞了……

作品编号：A41

回到学校，偶然间，我在学校商业区的一家桌球室找了一份服务员的工作。每天去扫扫地、擦擦灰、摆摆桌球，有空画画。朋友、同学经常来桌球室找我玩。

作品编号：A42

毕业多年，至今仍记得那段愉快的时光，现在看来，虽然代价不小，不过也只有那时候可以做出这样的决定，所以无悔。

一桶高能量

47

作品编号：A43

转眼到了六月，我们都毕业了，我送别了最后一位同学离开校园。我仍想继续当插画师，但没有找到合适的工作，趁着这个时机，我决定去一趟西藏。

好久不见
48

作品编号：A44

西藏很远，坐火车三天两夜，这是一次漫长的旅程。在火车上，一开始我没有说话，在自己的座位上画画，不时看看窗外。后来，旁边一位大叔问我："你在画什么呢？"我们开始闲聊。

一桶高能量

49

作品编号：A45

他四十五岁，是位珠宝商人。因为工作原因，国外基本都游历过了，但是祖国的大好河山还没有好好看过，所以他打算从西藏开始，慢慢四处游览。

作品编号：A46

他问我去过哪些地方，我说南方基本都去过了，目前正在找插画师的工作。他建议我去北京试试，那里机会挺多的。我觉得这个建议很有意思，记在了心里。

作品编号：A47

离开西藏后，我去了北京，住在三环附近租的房子里，一边投递简历，一边接插画商单。一个月后，我画了近 20 张试稿，但是没有拿到一分钱。

好久不见

作品编号：A48

我带到北京的钱快花光了，而参加的面试，都是没有底薪的工作，房租一个月1500元，还要吃喝，不想向家里要钱，生活陷入了极大的困境。

一桶高能量

53

作品编号：A49

我打算"曲线救国"，试试做图书编辑。很快，我找到了一份工作——童书编辑。

作品编号：A50

工作期间，遇到的同事都住在五环外，他们下班就回家，周末待在五环外。所以我经常一个人在家中听歌、画画。周末的时候，一个人出去看画展。

一桶高能量

55

作品编号：A51

北京的文化氛围非常浓，随便一条巷子，都有着浓厚的历史底蕴，找个剧场一坐，一出话剧正在上演，身边的人川流不息，他们带着五湖四海的口音，每一寸土地上都冒着鲜活的灵感。

作品编号：A52

从那个时候开始，我认为能有份养活自己的工作，同时抽出时间随心所欲地画画，是个不错的选择。我在绘画中找到了纯粹的快乐。

一桶高能量

作品编号：A53

在北京的第十个月，雾霾来了，天空灰蒙蒙的，仿佛世界末日一般。在外近一年，很想念我南方的家人，我决定回家，申请了离职。

作品编号：A54

离开北京前，想去一趟更北边的内蒙古。没做旅行攻略就出发了，在去海拉尔的火车上遇到了一位善良的姑娘。她很周到地安排了旅程，我们成了好朋友。

作品编号：A55

从内蒙古回到北京，收拾了行李，我去了深圳。我决定再试着找找插画师的工作，没想到真的找到了一份在广告公司做插画师的工作。

作品编号：A56

工作期间，我们与万科等服务商合作，我对商业插画有了更深入的理解，我所画的作品，都是为了满足传播的需求。

一桶高能量

61

作品编号：A57

我开始学会从甲方的眼里看待作品，也在这个过程中意识到，自己天马行空的作品并非大众所爱，也渐渐理解了大众的审美是什么。

作品编号：A58

我朦胧地意识到，如果没有自己独立的个人品牌，想坚持自己的画风，还能赚到钱，并不容易。不过我先收敛了自己的锋芒，按照甲方和设计总监的要求去创作。

作品编号：A59

我不再渴望每幅作品都打上我个人风格的印记，而是仅仅满足传播需求就好，去做其他人希望的样子，工作简单顺利了很多。

作品编号：A60

我告诉自己，这是一个学习的过程，不必着急用自己的方式证明自己，在这个世界上的某些地方，一定会有人喜欢我的黑白画，他们会说，原来还可以这样画画。

作品编号：A61

在广告公司轰轰烈烈干了一段时间。后来，爸爸身体不适，我回去陪了他三个月。那段时间，我每天陪他聊天、照顾他，公司有紧急的插画项目时，我就坐在他身边画画。

作品编号：A62

三个月后，我重新回到公司，再回去时已物是人非。紧接着家里又出了一些事，我再次回家一个月，很多复杂的原因，我失去了这份来之不易的插画师工作。

一桶高能量

67

作品编号：A63

在广告公司期间，我感到甲方和插画师之间，是客户经理在传递消息。插画师很难接触到甲方，直接沟通很难。我想找到其中的原因，于是去做了艺术品经理人的工作。

作品编号：A64

这份工作主要是看画、说画，帮购买方找到满意的画。我终于理解了：想连接绘画者和购买方，需要真正懂得绘画中的技巧。

作品编号：A65

我认为这份工作在传播上有局限性，一次只能服务一位购买者，我思考着如何做一份更有创造力和传播力的工作。

作品编号：A66

一个偶然的机会，我把目光从传统行业转向了互联网，我很快找到了一份互联网运营的工作，我负责的第一个产品是图片社交平台。

作品编号：A67

为了推广这款产品，我学会了使用 Instagram，在这个平台上，看到了大量国外的艺术作品，各种色调、各种风格，我的世界仿佛被打开了。

好久不见

72

作品编号：A68

图片社交业务因为许多复杂的原因关停了，我又进入新的项目——推广社群工具"知识星球"，这份工作干了 10 年，是一段非常愉快的时光，偶尔有些烦人，嘿嘿，快乐仍在继续。

作品编号：A69

过去几年，工作很忙，闲暇时，我还在继续画画，这是我的消遣方式。

好久不见
74

作品编号：A70

不过，心里还是有一些疑问，我看画，我画画，但"画"到底是什么？

作品编号：A71

几年前我意外收到了朋友 K 的礼物，打开包装后，发现是一本画册，我站在那里，好像明白了什么。朋友说，礼物很难选，你喜欢就好。

我一直在想，那一瞬间的感受究竟是什么？
我开始回忆这些年，我和画的故事。

我想起，12岁画在墙上的芭蕾舞女孩，
14岁在仓库里吹着风扇画画。
20岁骨折，坐在家中四个月，看着窗外风景画画。
22岁坐在角落，一个人画画、听歌，消遣时间。

我想起，独自去西藏的路上，
为了不感到孤独，我画画，画是我的朋友。
我想起，爸爸生病时，我坐在他身边画画，他说画得不错，
后来每次看到那幅画，都会想起那天的温暖。

有时候，心情不好，不知道怎么表达，
我会去画画，画完心里就舒服了。
画，是情绪的载体。

有时候，我太兴奋，担心乐极生悲，
我会去画画，画完心里就平静了。
画，是温柔的海绵。

有时候，我想念一位朋友，
我送他一幅画，希望画带给他快乐。
画，是无声的语言。

作品编号：A72

每次我打开画册的那一瞬间，该怎么形容当时的感受？我反反复复在想。有一天，我经过一个路口，对面的人潮扑面而来，我忽然明白了——见画如面，每一幅画，都是一份陪伴。

一桶高能量

作品编号：A73

每幅画后面都有一个故事，这个故事或许打动了某个人，然后画被买走，买者用它来传递情谊，送给了另一个人，希望对方见到画的时候，就像见到他一样。

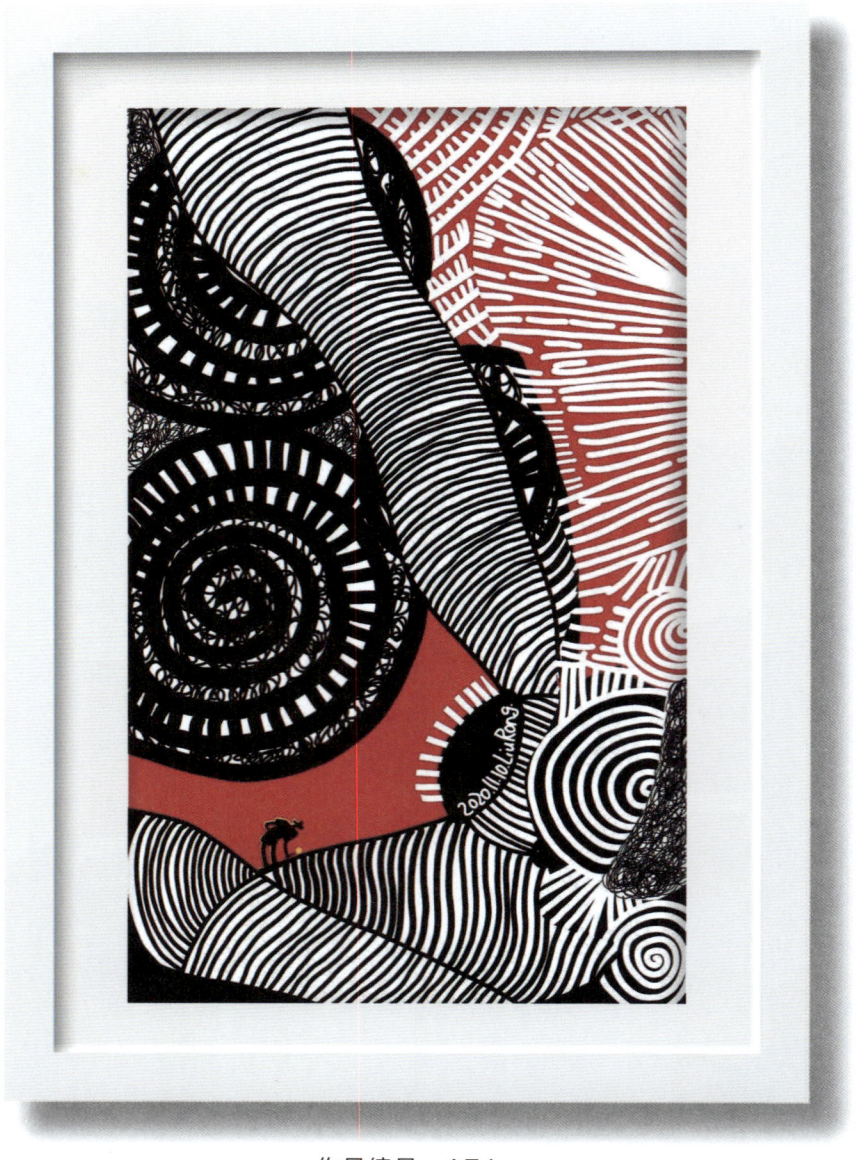

作品编号：A74

也许，为了更好的生活，为了新鲜的感受，我们会离开故乡，去远方学习和工作。

一桶高能量

81

作品编号：A75

如果想念一个人，我们要如何表达？画，何尝不是一份情感的传递，一份无声的爱？

我想清楚了这些故事之间的微妙关系,
开始更加坦然地画画,
也开始为每一幅画写故事。

一画一故事,为画赋予灵魂,
让每一幅画传递不同的情感。
这是我目前理解的"画"的另一层意义。

容我想想

如果你愿意将我的画摆在桌上、挂在墙上，
欢迎微信扫码与我联系，发送画作照片或作品编号，
我将为你制作实物画并快递到你手中。

作品详情

价格：666 元 / 幅

工艺和材质：高清微喷 + 实木装裱 + 绒布背板 + 挂钩

尺寸：高约 39cm

配送：全国顺丰包邮（新疆、西藏除外）

微信扫码与我联系

一桶高能量

85

作品编号：A76

我有个毛病，思维特别发散。这是好事，也是坏事。好处是，我有很多想法；坏处是，我想到了，还要做到。

作品编号：A77

事情多，又想全部做完，演变成一种奇怪局面：眼前每出现一个问题，都想给出结果，结果就是，整个人特别忙碌。

一桶高能量

87

作品编号：A78

我逐渐变成一台高速运转的机器，眼里看到的都是问题，丢失可爱，我想快速解决各种问题，但内心无聊，这是为什么呢？

作品编号：A79

走好人生路，也许只要四双鞋：运动鞋、拖鞋、凉鞋、平底鞋。原本只剩 6 双鞋的我，又扔掉了 2 双。哈，这就是久违的人生答案，对不对？简单，解决一切问题。

一桶高能量

89

作品编号：A80

吴鲁加老师说："精力有限，做重要的事"。我在学着放过自己。想到这里，我莫名地感到一丝振奋，洗洗睡去。

作品编号：A81

早上 5 点起来，骑车去球场，夏天云朵好大，如果它们忽然掉下来，是不是一朵巨大的温柔，包裹着你我。

作品编号：A82

回家路上，阅读《为人文教育辩护》。书小小的，卷起来就可以放入口袋，
原本以为内容晦涩，但我越看越有味。

作品编号：A83

就这样，我在深圳地铁的喧哗中，走到人文教育辩论场，周围马车声响起，巨大的厚石在眼前垒砌成学校，我看到身穿宝蓝色校服的学生鱼贯而出。

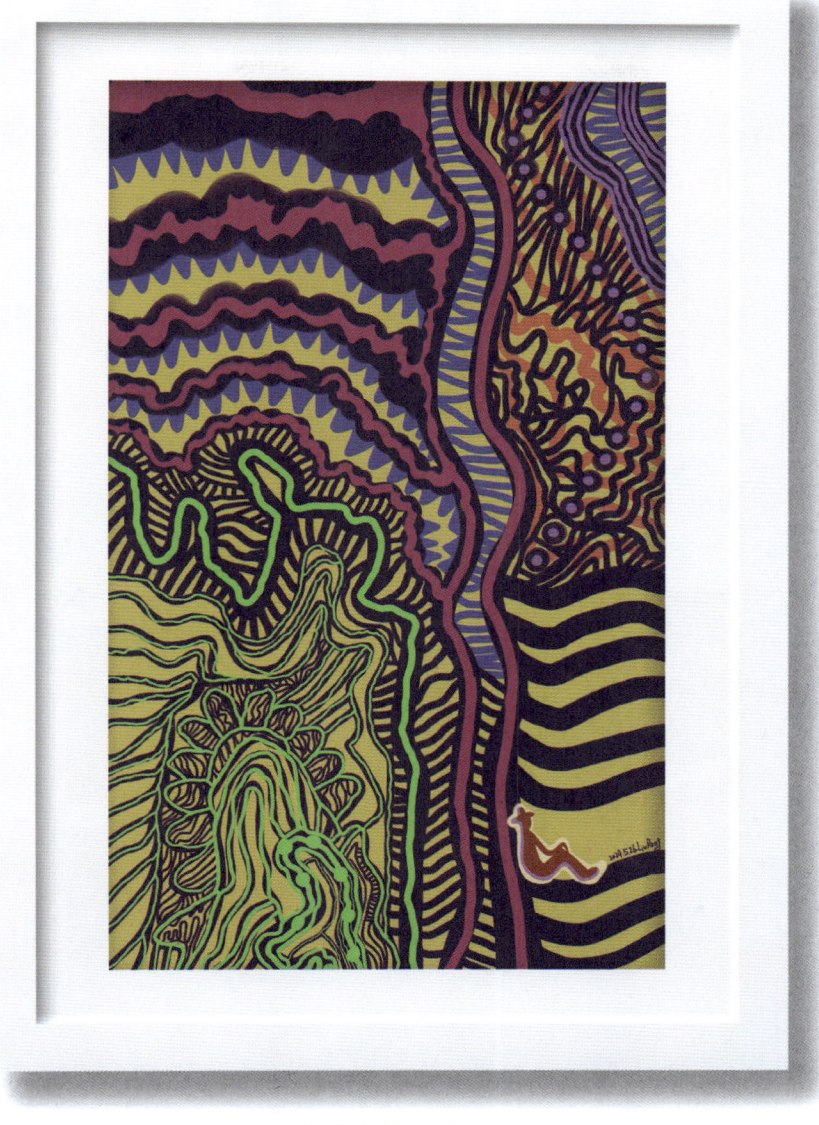

作品编号：A84

傍晚6点到家，在家中的餐桌旁继续翻看这本小书：人文教育的根本意义，不在于教授任何特定职业所需，而是为所有职业的共同点奠基。

容我想想

作品编号：A85

没想到在这么简单的小书里，蕴藏着如此深刻的道理，原来真正精准的文字，并没有躲在字数百万的巨作中。简单，很好；简单，真好。

一桶高能量

作品编号：A86

原来人只有放松下来，读读不同的书，才能真正理解世界。

作品编号：A87

说真的，自从来到知识星球人生的噩运结束了，99% 的日子都很快乐。

一桶高能量

97

作品编号：A88

一天上班，听吴鲁加做出差分享，画了一张画，取个什么名字呢？
《…………》

作品编号：A89

我就喜欢社群，它让我快乐，它让我看到了大家的快乐。画画这件事，只是独乐乐，来人间走一遭，我愿众乐乐。

如果你愿意将我的画摆在桌上、挂在墙上，
欢迎微信扫码与我联系，发送画作照片或作品编号，
我将为你制作实物画并快递到你手中。

作品详情

价格：666 元 / 幅
工艺和材质：高清微喷 + 实木装裱 + 绒布背板 + 挂钩
尺寸：高约 39cm
配送：全国顺丰包邮（新疆、西藏除外）

微信扫码与我联系

作品编号：A90

总觉得微信里的"朋友圈"，是为我量身定做的。服务知识星球是我的快乐，这份快乐同属于热爱社群的朋友。上面两句话不好理解，我也没太理解。

作品编号：A91

同事评价我是典型的"傻人有傻福"，喜欢接收四面八方的信息，但没有筛选信息的能力。哈，挺有意思的评价。

容我想想

102

作品编号：A92

小刘难辨是非黑白，判断力不太行，长大后意识到了这个问题，只能花一些时间去思考：我该听谁的呢？

作品编号：A93

今天开心，今晚听自己的，吃点好吃的。

作品编号：A94

我的内心有个超级大的愿望，星主在知识星球做社群，如何更简单、更方便、更快捷。

作品编号：A95

每当我想做完一件事，所有和目标无关的事，都不看不问不管，眼里只有那一个目标。其实也不是什么好习惯，但就是改不掉。

作品编号：A96

下午在公司业务学习会议上，画了半张画，在回家的地铁上，画了另外半张。星系一家，一起加油。

作品编号：A97

第二天，开知识星球新版本需求会，边听边涂鸦了一张，如何向产品经理更好地反馈需求？最近想通了：写逻辑清晰的文档。

作品编号：A98

一定要5点下班，今天6点才走的。地铁里人好多，小刘背着一台电脑，右手捧着一束花，左手拿着11寸平板电脑在画画，感觉自己是个傻子。

一桶高能量

109

作品编号：A99

不知道为什么，最近觉得整个世界怪怪的，但是怪在哪里又说不上来，人们似乎欲言又止。

作品编号：A100

乐观就是最好的天赋，朋友们，我们一起加油，听同事分享品牌知识，顺便画了一张画。

一桶高能量

111

作品编号：A101

我很喜欢我的工作，因为大家可以找我开社群，我可以解决问题，不然，不知道如何融入社会。

作品编号：A102

知识星球是很好的公司，吴鲁加经常待在他的办公室，需要问他事的时候，去找他，他会马上回答，其他时候，他不会找我们，我感觉很自在。

作品编号：A103

小刘一般待在角落里，默默做着事，需要我时我会马上配合。读书时我也是这样，和很多同学不熟悉，不知道该说什么。这么久了，也没有改掉这个毛病。

容我想想

114

作品编号：A104

小刘时常在想如何服务更多朋友，抱着这个信念，抬头总能看到启明星。

一桶高能量

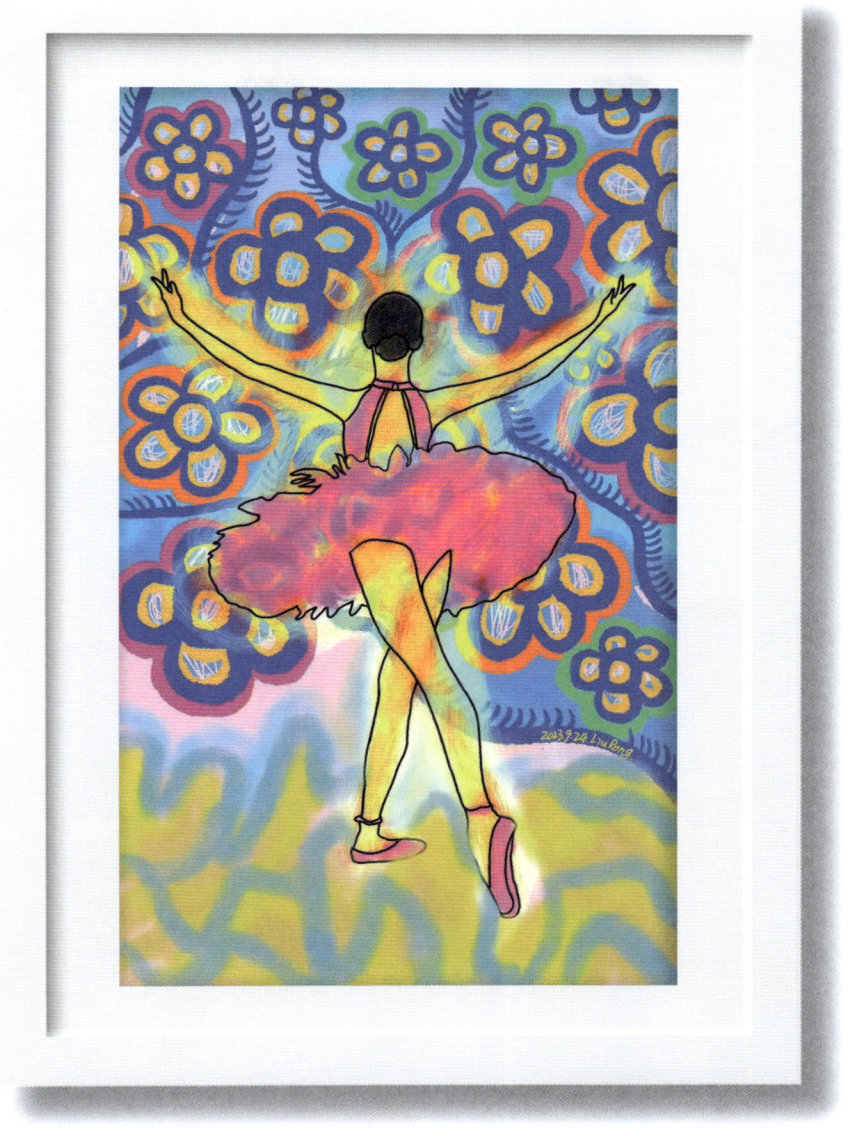

115

作品编号：A105

在直播间完成一张涂鸦画，很像我做视频号时的心情，对未来充满期待，只是此时在云雾之中。

作品编号：A106

回家路上，画了个蛋糕。真的好喜欢蛋糕，画的时候心里甜甜的。

知贝星球

慢慢相处

如果你愿意将我的画摆在桌上、挂在墙上，
欢迎微信扫码与我联系，发送画作照片或作品编号，
我将为你制作实物画并快递到你手中。

作品详情

价格：666 元 / 幅
工艺和材质：高清微喷 + 实木装裱 + 绒布背板 + 挂钩
尺寸：高约 39cm
配送：全国顺丰包邮（新疆、西藏除外）

微信扫码与我联系

一桶高能量

作品编号：A107

和闺蜜用电话聊了 93 分钟，嗑了一把瓜子，涂了一张画，爱情令人发愁，也令人快乐。

作品编号：A108

爱我，你怕了吗？

一桶高能量

121

作品编号：A109

一生不停歇，
永远向春天。

慢慢相处

作品编号：A110

相信生活是困难的，也是乐观的。

作品编号：A111

人生一场，愿赌服输。

作品编号：A112

似乎世界处在一物降一物的套娃游戏里，想来有些沮丧，庆幸的是，忽然想起绘画的世界是自由的，莫名被安慰了。

一桶高能量

125

作品编号：A113

我出题，但不擅长解题，闺蜜擅长解题，但不擅长出题，所以我们是好朋友。

作品编号：A114

双喜临门。

一桶高能量

127

作品编号：A115

2025年即将过去，该放手的放手。

作品编号：A116

圆满，就是吃火锅时，最后一片羊肉刚好轮到你吃。

一桶高能量

129

作品编号：A117

岁岁有惊喜，人民有希望，生活有盼头。

慢慢相处

作品编号：A118

世界那么大，只想靠靠你。

一桶高能量

131

作品编号：A119

买了一本新书，放在床头，感觉知识已经通过封面渗透进我的大脑。

作品编号：A120

人间最是喜相逢。经历过开局的失败，后面再遇到对的人，回想起来依然热泪盈眶。

作品编号：A121

作为注意力涣散症的重度患者，画画的时候脑子里一片空白，我也费解。

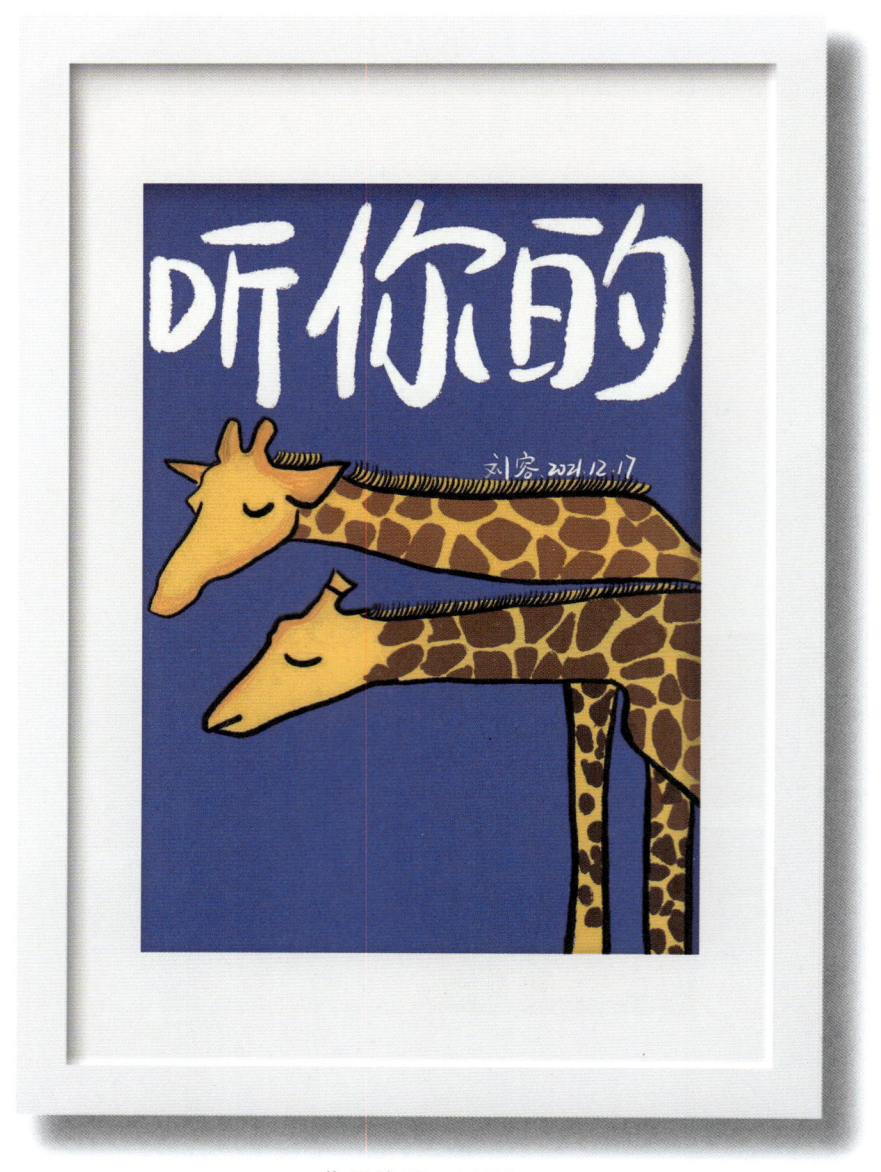

作品编号：A122

我很乖。

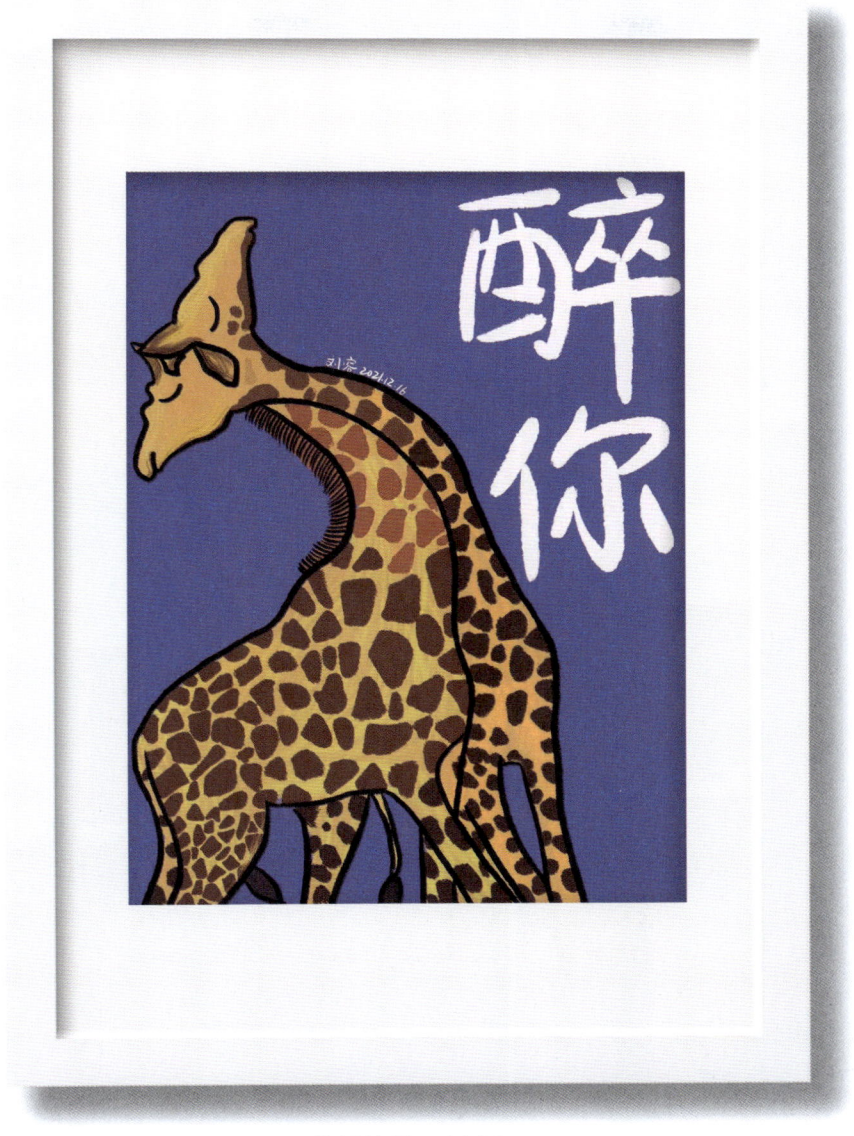

作品编号：A123

众人皆醉酒，而我只醉你。

作品编号：A124

坚持相信价值的力量，坚持相信相信的力量。

作品编号：A125

只想对你说，好久不见。

慢慢相处

作品编号：A126

我以前学画画的同学说，我画画很快，像个打印机。我说，我看着自己的画，经常不知道这是谁画的，它们是从哪里来的。

一桶高能量

作品编号：A127

我们是为了你好。

慢慢相处

作品编号：A128

欢迎把这幅画转发朋友圈，@ 你喜欢的人，祝情比纱长！

如果你愿意将我的画摆在桌上、挂在墙上，
欢迎微信扫码与我联系，发送画作照片或作品编号，
我将为你制作实物画并快递到你手中。

作品详情

价格：666 元 / 幅
工艺和材质：高清微喷 + 实木装裱 + 绒布背板 + 挂钩
尺寸：高约 39cm
配送：全国顺丰包邮（新疆、西藏除外）

微信扫码与我联系

慢慢相处

作品编号：A129

有情绪，就有作品——情绪画派。

作品编号：A130

心安，身安。

慢慢相处

作品编号：A131

生活？大闹一场。

作品编号：A132

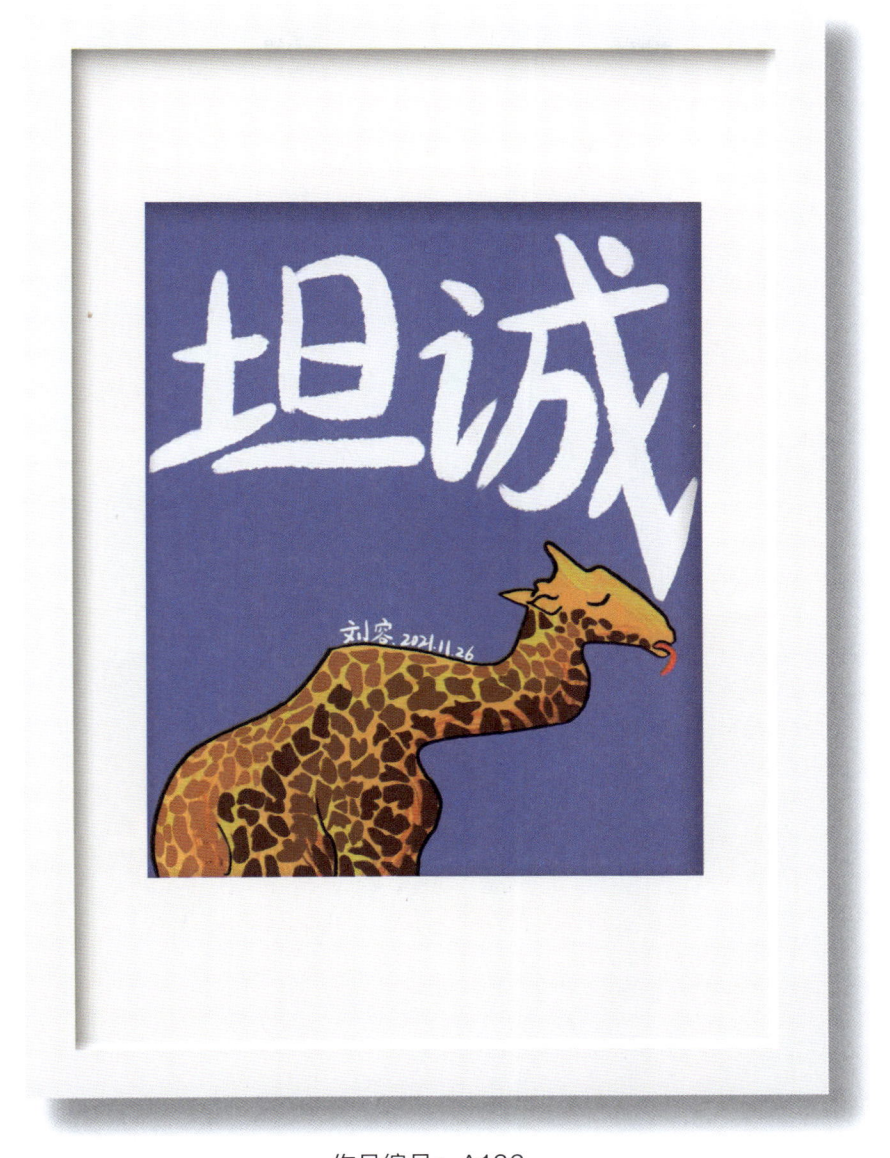

爱和被爱都很重要。

慢慢相处

作品编号：A133

谢谢你，谢谢他和她，谢谢生活，谢谢家。

一桶高能量

147

作品编号：A134

愿你对生活心满意足。

作品编号：A135

生活赋予我热情，也教会我冷静。

一桶高能量

149

作品编号：A136

8:34，小刘开始写广告文了。争取 11 点前发文，我们都是最棒的。

作品编号：A137

刚开了周例会，我竖起耳朵听，对话在空气里来来回回，我听来听去，嗯，大家说的都很有道理。

一桶高能量

作品编号：A138

谁偷走了我的心，我偷走了谁的心。

作品编号：A139

人生功课不逃避，才能一个个解决。

作品编号：A140

刚开了 20 分钟例会，获得了新的思考：创造变化，万事可期。

作品编号：A141

爱我别走，如果你说。

一桶高能量

155

作品编号：A142

下午 6 点，何以解忧，唯有下班。

慢慢相处

156

作品编号：A143

成为自己的精神依赖，快乐一生。

一桶高能量

作品编号：A144

做喜欢的事，见喜欢的人，快乐自燃。

作品编号：A145

内心感谢画画，带给我很多快乐，生活多变，十分满足。

一桶高能量

159

作品编号：A146

你喜欢的事情，忽然有一天得到了很多正向反馈，会产生一种让人难以平静的喜悦。

作品编号：A147

有时停下来，也是一种进步，方便杀死昨天的自己。

作品编号：A148

世界上可能有两种改变自我的模式：一种是沉寂多年，最终一鸣惊人；另一种是每天进步一点点，在实践中感悟成长。我属于第二种。

慢慢相处

作品编号：A149

成功就是从失败到失败，也依然热情不变。

主动发疯

如果你愿意将我的画摆在桌上、挂在墙上，
欢迎微信扫码与我联系，发送画作照片或作品编号，
我将为你制作实物画并快递到你手中。

作品详情

价格：666 元 / 幅

工艺和材质：高清微喷 + 实木装裱 + 绒布背板 + 挂钩

尺寸：高约 39cm

配送：全国顺丰包邮（新疆、西藏除外）

微信扫码与我联系

一桶高能量

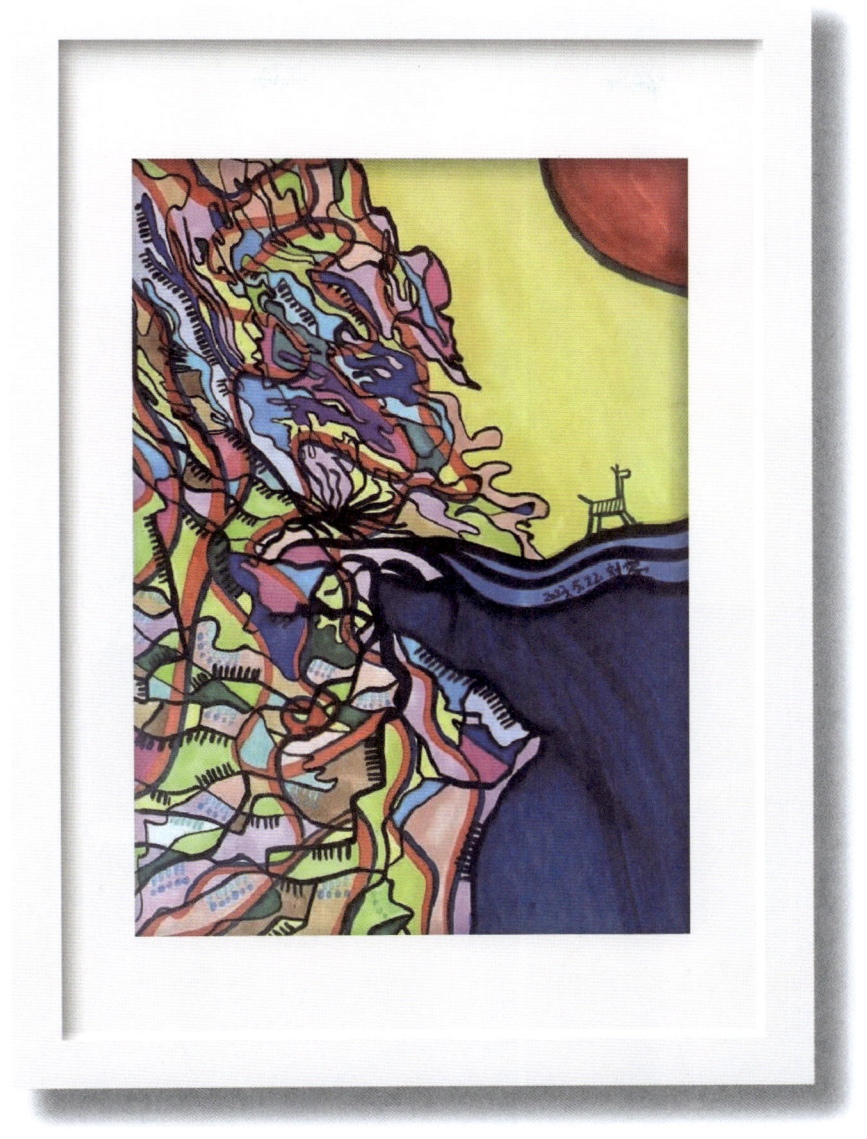

作品编号：A150

主动发疯好过被人逼疯，我孜孜不倦地描述着生活小事，时而健身，时而跳舞，时而画画，没人知道我下一步会做什么，包括我自己。

作品编号：A151

有时我也会想，人们会不会说，这个叫刘容的成年人看上去好疯。

一桶高能量

作品编号：A152

后来我意识到，让真实的情绪随时间涌动，是走向真诚唯一的路，能够避免真疯。

主动发疯

168

作品编号：A153

真心地感受着，才有表达，无法感受生活，是真的痛。

一桶高能量

169

作品编号：A154

去你的精神内耗！我的表现不够完美？我是不是说错了话？我令人厌恶吗？我为什么总是那么糟？不。

作品编号：A155

我好不好，我说了算；要求我更好？请你要求你自己。

作品编号：A156

我们不必接受任何人的评价，无所谓其他人怎么看。活在阳光里、星空下，享受独一无二的一生。

作品编号：A157

脸皮厚，幸福来。分享你的难堪，表达内心真实渴望。

一桶高能量

作品编号：A158

表达是理解自己的过程，若能直接表达，至少能为你自己的勇敢喝彩。

作品编号：A159

生活幸福美满，并不适合所有人。独往繁华，沉思快乐，也是一种美满。

一桶高能量

175

作品编号：A160

我以前会想，如果我无法在朋友圈呈现出美满、幸福、快乐的生活，我好像就是失败者。

作品编号：A161

我不幸吗？我在企图通过刻意隐瞒获得什么？我扒开身体认真探头进去看心，哦，心里是目标、懒惰、无知。

作品编号：A162

后来我意识到，人的情感是非常丰富的，人类的需求也多种多样。

作品编号：A163

我的需求很简单，就是吃饱、睡好，获得大量奇特的、新颖的信息来满足自己。

一桶高能量

作品编号：A164

我在群体中，可以认真听人说话，十分享受其中，我喜欢各种信息扑面而来。

作品编号：A165

但是和群体一起生活，我很难享受其中，不享受的事，我能承受，当众交流，灵感不足。

作品编号：A166

在回广东的高铁上，我在沉思"我是谁"，我喜欢沉思，并真实坦诚地描述沉思。

作品编号：A167

我意识到，我是这样的我：我有交谈的欲望，但有限，对信息观点独特性有期待，但不喜欢过多讨论生活化话题。

作品编号：A168

我被包裹在哪种生活里，我在其他人眼里属于什么状态，不重要，因为每个人享受的生活不同。

作品编号：A169

属于女孩的幸福标配，我只需要 20%，那就是活着和沉思，放心，我接受并认可自己。

一桶高能量

作品编号：A170

我体验着拥有多动症的人生，快乐和痛苦都在我心里呈指数级放大，这并非我所想所愿，可这既然是我，我甘之如饴。

作品编号：A171

我对新信息、新想法、新奇点子的需求巨大，我需要以月为单位更换我大脑里的信息，仿佛大脑像鱼缸需要定期换水一样，才能保持清澈、冷静和活着的状态。

一桶高能量

作品编号：A172

没来知识星球上班前，我的爱好就是换工作，我会在上班期间，迅速将周围所有的信息吸收干净，当我意识到没有新的信息时，我就会蠢蠢欲动，想要进入新的信息空间。

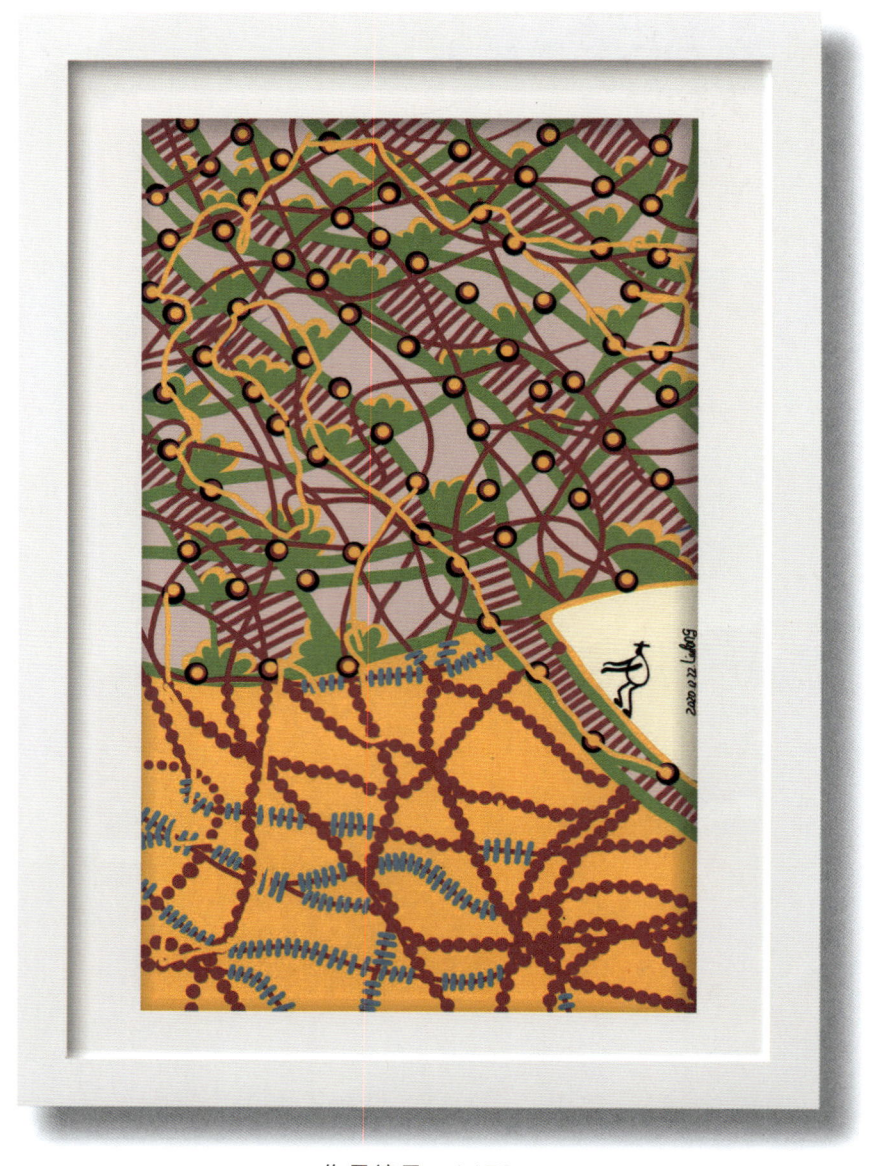

作品编号：A173

结果我竟然在知识星球干了 10 年，并且乐此不疲，尤其喜欢服务星主，星主们来自不同领域，他们是在某个领域有相对完整知识体系的发光人。

作品编号：A174

每次与知识星球的星主聊天，我真是耳朵竖起、两眼放光，他们的所思所想迎面而来，我很快乐，我仿佛是为了听他们说话而活着的人，每天如鸡血少年般。

主动发疯

作品编号：A175

我如今意识到了根本原因，是我对优质信息的输入有巨大的追求。

作品编号：A176

我对明星八卦、世界局势信息，反而不太关心，我意识到那些信息仿佛是悬在桃树上的桃，无论什么时候去吃，味道只有两种，甜或酸，几乎毫无悬念。

作品编号：A177

关于多动症的另一重人生，是一心二用。此前我要求自己一心一意，这令我无比烦恼、焦躁，我只能靠大量咀嚼食物缓解我的情绪。

一桶高能量

作品编号：A178

当我知道一心二用更能让我安静下来后，我不再苛求自己，我好了很多。

作品编号：A179

一心二用的含义，比如跑步时听书，吃饭时背单词，洗澡时听歌，开会时画画，跟人聊天时提问，在这些场景下，我都会无比舒适。

作品编号：A180

忠于自己的感受很重要，虽然这并不容易。我写了上百万字的日记，才逐渐理解了自己。

作品编号：A181

对于我，你永远都不用担心，我有无穷的工作动力和热情，我属于工作机器，这是我的天赋。

一桶高能量

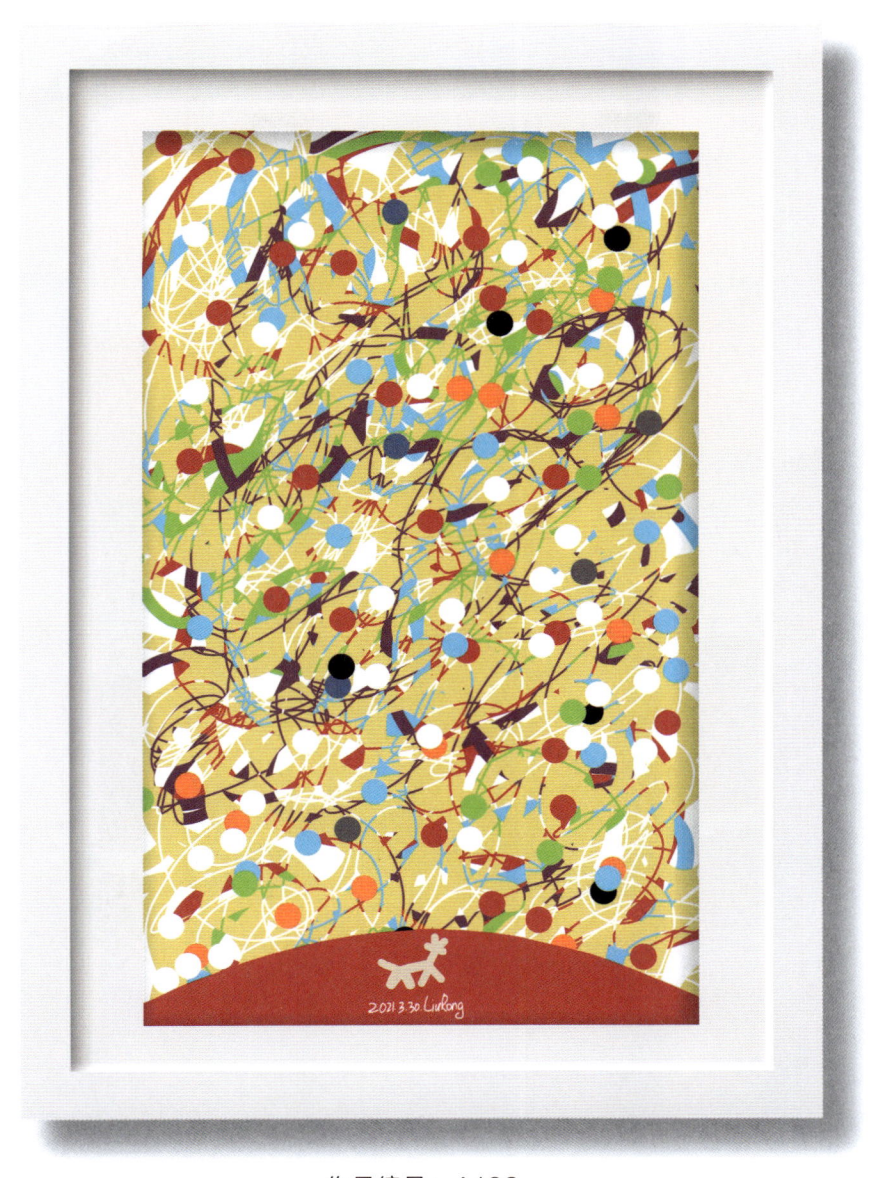

作品编号：A182

我的想法随时会喷涌，想到了我就想做到，我几乎无法控制想法出现的频率，它们简直像无法被井盖压住的喷泉，这是我的人生。

作品编号：A183

我知道，上帝从未舍得放下我。多动症奇葩人生的冰山一角，如上。

作品编号：A184

吴鲁加经常鼓励我们，理解自己的渴望，寻找内心的热爱，他并不期待我们变成他满意的人，而是变成自己满意的人。

作品编号：A185

这是很珍贵的启发，所以我从不对自己奇怪的想法感到羞耻，安心地表达。

作品编号：A186

保留一些力气给期待，方便自己有机会等久一点儿，等来真正的丰收。

作品编号：A187

每个人内心都有力量，希望发挥出思考的能力，至少要有思考的时间和力气。

作品编号：A188

只对自己保持期待，那些失望的痛苦将与你无关。

作品编号：A189

不是每个阶段都会如愿和顺利，保持好努力，好运迟早轮到你，心里有愿望，人生有希望。

作品编号：A190

感情靠时间积累。深情无法一日触达，情深无法一日消散。

作品编号：A191

擅长与人相处，并不是所有人具有的能力，学会和人相处，是一生值得学习的功课。

一桶高能量

207

作品编号：A192

拥有上进心，世上无难事。

作品编号：A193

不是所有对的选择，都会被快速接受。坚持对的选择，需要排除各类困难。勇敢地尝试新事物，永远有意义。

作品编号：A194

不少星主内向腼腆，却热衷做社群，一干好几年，也许通过提供价值的方式，让人聚在周围，是一种轻松的社交方式。

作品编号：A195

多读好书，生活一天天变好是必然，找到好书，多读书才会更有意义，多结交爱读书的朋友，读书找书变轻松。

作品编号：A196

赢会带来一时快乐，有人赢，就一定会有人输。输，令人不舒服，减少竞争，人更愿意留下。

作品编号：A197

学会做饭，快乐多多。美味从嘴到胃，经历了实实在在的一趟旅途。自己学会了做饭，取悦自己变得简单。

一桶高能量

作品编号：A198

有没有一种可能，情绪稳定的人，才是真的疯了。

主动发疯
214

作品编号：A199

花时间理解自己，并不可耻，思考并理解"我是谁""为何此刻我感到快乐""我在难过什么"，才有机会过好一生。

一生
所爱

如果你愿意将我的画摆在桌上、挂在墙上，
欢迎微信扫码与我联系，发送画作照片或作品编号，
我将为你制作实物画并快递到你手中。

作品详情

价格：666 元 / 幅

工艺和材质：高清微喷 + 实木装裱 + 绒布背板 + 挂钩

尺寸：高约 39cm

配送：全国顺丰包邮（新疆、西藏除外）

微信扫码与我联系

作品编号：A200

我每天都在内心表达谢意，感谢我妈，给我爱工作的基因，感谢我爸，给我好吃的基因，这些基因让我获得了很多快乐。

作品编号：A201

人类的顶级快乐，与足够多优秀的人，一起实现同一个目标。

一桶高能量

219

作品编号：A202

放下面子，追求价值。求稳，不求快；求生，不求胜。

作品编号：A203

进步和痛苦是一对朋友，祝你 / 希望你进步慢一点儿。

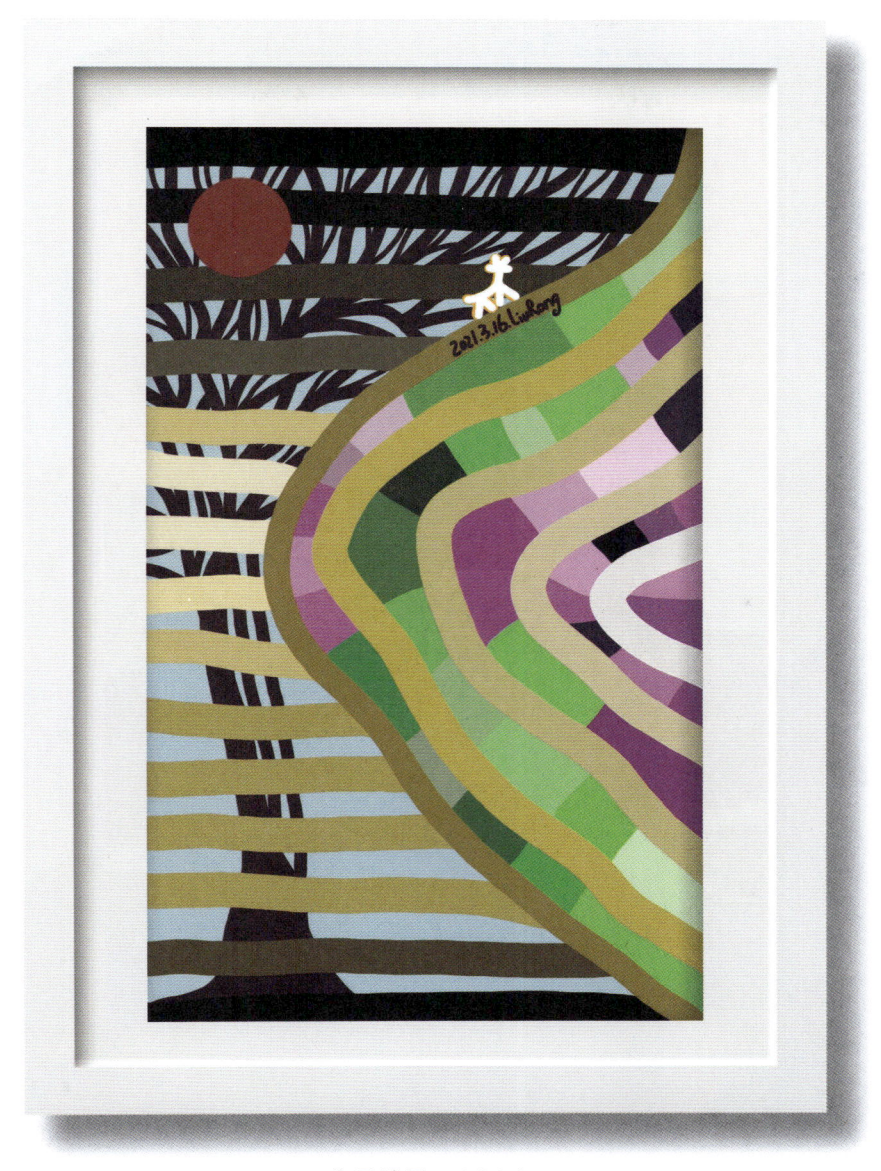

作品编号：A204

不必努力超越任何人，默默用时间构造属于你的壁垒。

作品编号：A205

创造足够多的价值，才能分到足够多的价值。

一桶高能量

223

作品编号：A206

让生活平和快乐的方法——选择你每天都能做，并且不靠它赚钱也想做的事，坚持 10 年以上。

作品编号：A207

先满足自己，再满足他人，找到热情所在，就是赢家。

作品编号：A208

18 岁能找到自己的热爱，其实就跑赢了 50% 的人，能坚持做自己喜欢的事 10000 小时，就跑赢了 99% 的人。

作品编号：A209

在我们的教育中，似乎较少强调"自我认同很重要"，而是更多地传递"人的价值在于配合、贡献和隐忍"。

一桶高能量

作品编号：A210

配合、贡献、隐忍，没什么不好，但人可能会在某天醒来时想：我为什么正在活着，我的快乐是什么？

作品编号：A211

我的感受是：我们来世间不是助人为乐的，我们是来找到自己的快乐的。

一桶高能量

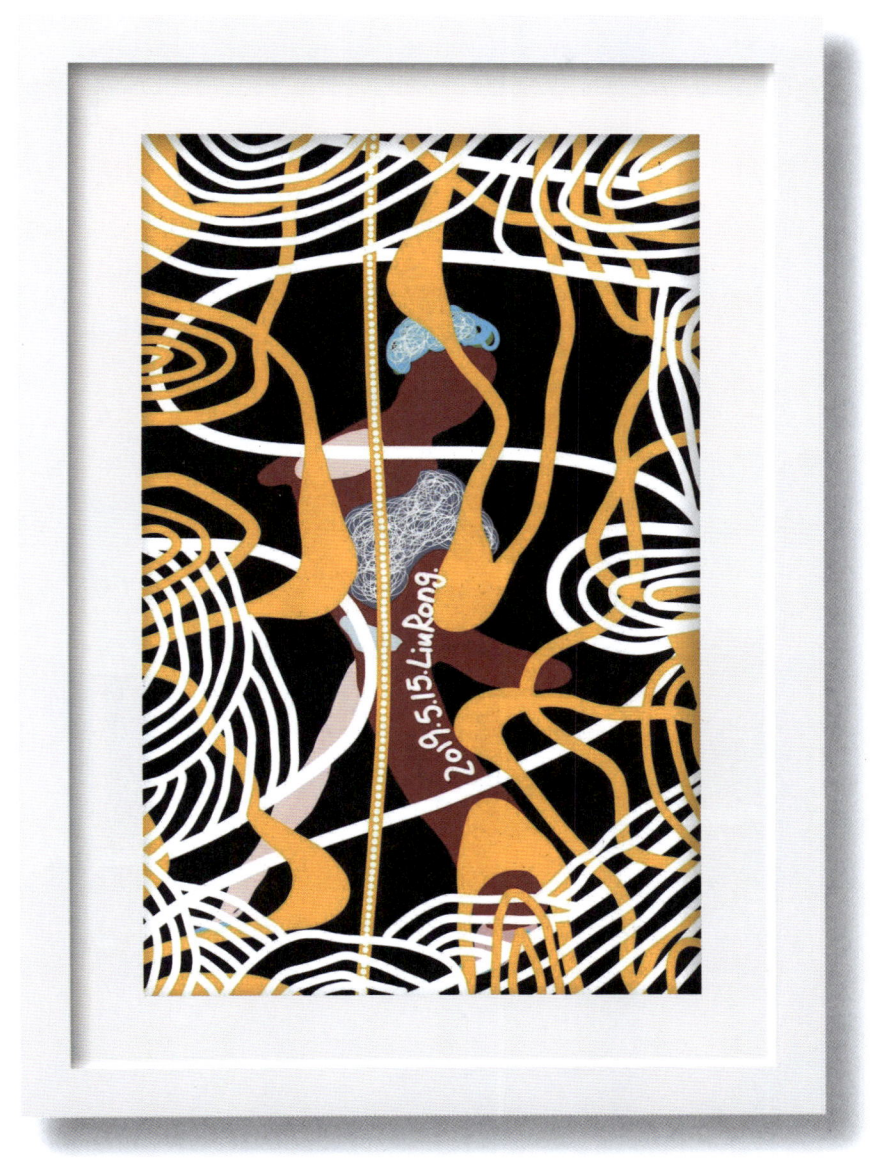

作品编号：A212

先满足了自己，再去帮助他人。能通过帮助他人而快乐，这是助人的快乐。

作品编号：A213

很多事情好像反过来了，不少朋友的人生过成了：先满足他人，自己的感受不重要，甚至不去探索。

一桶高能量

231

作品编号：A214

他们逐渐陷入自我怀疑和迷茫中，甚至想要放弃自己，因为满足他人太久了，忘记了"我是谁"。

作品编号：A215

自我的快乐从哪里来？尊重自己的感受，接纳自己的热爱，守护自己的热爱，追寻内心的热情。

作品编号：A216

我喜欢知识星球的原因之一是：公司鼓励每个人，先找到自己的热情所在，提供时间和资源支持，去获得个人成就感。

作品编号：A217

所以在知识星球，对于星主怎么用知识星球，在合规前提下，我们很少干预，支持星主按自己的想法玩星球，我们会努力做好基础建设。

作品编号：A218

我认为知识星球这家公司的价值观，闪闪发光，十分可贵，值得摇旗呐喊，所以我要喊出来：大家一起来知识星球玩，开星球、加入优质星球，因为值得！

作品编号：A219

我相信我的选择，所以我表达心声，愿你快乐，我亲爱的朋友。